Albert Dastre

Physiologie de l'alimentation

Le savoir en poche

ISBN : 978-1548246532

10 9 8 7 6 5 4 3 2 1

Albert Dastre

Physiologie de l'alimentation

Le savoir en poche

Table de Matières

Introduction

Qu'est-ce qu'un aliment ? et en quoi consiste l'alimenta-tion ? C'est une question à laquelle personne ne sera em-barrassé de répondre, — à la condition de n'être ni physio-logiste, ni médecin, ni zootechnicien. Un Français qui sait sa langue dira, comme le Dictionnaire, que le nom d'ali-ment s'applique à toutes « les matières, quelle qu'en soit la nature, qui servent habituellement ou peuvent servir à la nutrition. » La chose est facile à entendre : c'est tout ce dont l'honnête homme se nourrit. Si vous lui demandez davantage, il vous adressera à son cuisinier.

Ce serait une solution. Mais il y en a bien d'autres. Le problème de l'alimentation offre mille aspects. Il est culi-naire, sans doute, et gastronomique ; mais il est aussi éco-nomique et social, agricole, fiscal, hygiénique, médical, et même moral. Et d'abord et avant tout il est physiologique. C'est à ce point de vue qu'il sera envisagé ici : en lui-même et pour lui-même, et dans ses seuls rapports avec les phé-nomènes de la vie.

Il s'agit de connaître la composition générale des aliments, de distinguer les substances qui méritent ce nom d'avec celles qui l'usurpent, d'en comprendre le rôle ; d'en suivre les transformations ; de fixer la *ration d'entretien* chez le sujet au repos et la *ration d'activité* chez celui qui travaille ; de déterminer les effets de l'inanition, de l'alimentation in-suffisante, de l'alimentation surabondante, en un mot, de dévoiler les réactions les plus intimes et les plus délicates par lesquelles l'organisme s'entretient et se répare, et, pour répéter l'expression d'un célèbre physiologiste, de péné-trer jusque dans « la cuisine des phénomènes vitaux. » Ce n'est ni Apicius, ni Brillat-Savarin, ni Berchoux, ni les mo-ralistes ou les économistes qui peuvent nous y servir de guides. Il faut nous adresser aux savants qui, à l'exemple

Albert Dastre

de Lavoisier, Berzelius, Regnault, Liebig, ont appliqué à l'étude des êtres vivants les ressources de la science générale et fondé ainsi la chimie biologique.

Cette branche de la physiologie a pris un développement considérable dans la seconde moitié de ce siècle ; elle a maintenant ses méthodes, sa technique, ses chaires dans les Universités, ses laboratoires et ses recueils. Elle s'est particulièrement appliquée à l'étude des « échanges matériels » ou *métabolisme* des êtres vivants ; et pour cela, elle a fait deux choses. Elle a d'abord déterminé la composition des matériaux constitutifs de l'organisme ; puis, analysant qualitativement et quantitativement tout ce qui y pénètre dans un temps donné, c'est-à-dire tous les *ingesta* alimentaires ou respiratoires, et tout ce qui en sort, c'est-à-dire toutes les excrétions, tous les *egesta*, elle a pu établir les *bilans nutritifs* qui correspondent aux diverses conditions de la vie, soit naturelles, soit artificiellement créées. On a pu dire ainsi quels étaient les régimes alimentaires qui se soldaient en bénéfice et quels autres en déficit, et quels enfin amenaient l'équilibre.

Nous ne nous proposons pas de rendre un compte détaillé de ce mouvement scientifique. C'est le rôle des ouvrages spéciaux. Nous voulons seulement indiquer ici les résultats les plus généraux de ces laborieuses recherches, c'est-à-dire les lois et les doctrines où elles aboutissent, les théories qu'elles ont suscitées. C'est par-là seulement qu'elles se rattachent à la science générale et qu'elles peuvent intéresser le lecteur. Les faits de détail ne manquent jamais d'historiens ; il est d'ailleurs plus profitable de montrer le mouvement des idées. Les théories de l'alimentation mettent aux prises des conceptions très différentes du fonctionnement vital. Il y a là une mêlée assez confuse d'opinions qu'il n'est pas sans intérêt d'essayer d'éclaircir.

Section I

Cl. Bernard disait ici même, à propos de la vie, qu'il était impossible d'en donner une définition scientifique et qu'au surplus dans les sciences de la nature il ne pouvait pas y avoir de *définition*. Et cela est vrai, par conséquent, non seulement de la vie, mais de la nutrition et en particulier des aliments. Tous les physiologistes et les médecins qui ont essayé de définir l'aliment, y ont échoué. La plupart des définitions vulgaires ou savantes, font intervenir la condition, pour la substance, d'être introduite dans l'appareil digestif. C'est exclure, du coup, parmi les êtres qui s'alimentent, les végétaux et tous les animaux privés de tube intestinal ; et d'autre part, c'est retrancher du nombre des aliments toutes les substances qui entrent par une autre voie que l'estomac et qui, comme l'oxygène par exemple, participent cependant, au plus haut degré, à l'entretien de la vie.

Le trait distinctif de l'aliment, c'est l'utilité dont, convenablement employé, il peut être à l'être vivant. Substance nécessaire à l'entretien des phénomènes de l'organisme sain et à la réparation des pertes qu'il fait constamment, dit Cl. Bernard ; — substance qui apporte un élément nécessaire à la constitution de l'organisme, ou qui diminue sa désintégration (aliment d'épargne), suivant le physiologiste allemand Voit ; — substance qui contribue à assurer le bon fonctionnement de l'un quelconque des organes d'un être vivant, suivant la définition infiniment trop étendue de M. Duclaux ; — toutes ces manières de caractériser l'aliment en donnent une idée incomplète.

L'introduction de la notion d'énergie en physiologie a mieux fait comprendre la vraie nature de l'aliment. Il faut, en effet, recourir à la conception énergétique pour se rendre compte de tout ce que l'organisme exige de l'aliment. Il ne lui demande pas seulement de la matière, mais aussi et surtout de Y énergie. Les naturalistes s'attachaient jusqu'ici exclusivement à la nécessité d'un apport de matière, c'est-à-dire qu'ils n'envisageaient qu'un côté du problème. Le corps vivant présente en chacun de ses points une série ininterrompue d'écroulements et de réédifications, dont les matériaux sont puisés au dehors par l'alimentation et y sont rejetés par l'excrétion. Cuvier appelait *tourbillon vital* cet exode incessant de la matière ambiante à travers le monde vital ; il en faisait avec raison la caractéristique de la nutrition et le trait distinctif de la vie.

Cette notion du *circulus de matière* a été complétée de notre temps par celle du *circulus d'énergie*. Tous les phénomènes de l'univers, et par suite ceux de la vie, sont conçus comme des mutations énergétiques. On les envisage dans leur enchaînement, au lieu de les considérer isolément, à la façon ancienne ; chacun a un antécédent et un conséquent, auxquels il est lié en grandeur par une loi d'équivalence que la physique contemporaine a fait connaître ; et ainsi, l'on peut concevoir leur succession comme la circulation d'une sorte d'agent indestructible qui change seulement d'apparence ou de déguisement en passant de l'un à l'autre, mais qui se conserve en grandeur ; c'est l'*énergie*.

Le résultat le plus général des études de chimie physiologique a été de nous apprendre que l'antécédent du phénomène vital est toujours un phénomène chimique. Les énergies vitales tirent leur origine de l'énergie chimique potentielle accumulée dans les principes immédiats constitutifs de l'organisme. De même, le phénomène conséquent du phénomène vital est, en général, un phénomène calorifique : l'énergie vitale aboutit à l'énergie thermique. Ces trois affirmations — relatives à la nature, à l'origine et au terme des phénomènes vitaux — constituent les trois principes fondamentaux, les trois lois de l'énergétique biologique.

La place de l'énergie vitale dans le cycle de l'énergie universelle est, de ce chef, parfaitement déterminée. Elle se classe entre L'énergie chimique qui en est la forme génératrice, et l'énergie calorifique qui en est la forme de disparition, de déchet, la « forme dégradée, » selon l'expression des physiciens. De là une conséquence qui va trouver son application immédiate dans la théorie de l'aliment. C'est à savoir, que la chaleur est, dans l'ordre dynamique, un *excretum* de la vie animale rejeté par l'être vivant, comme dans l'ordre substantiel, l'urée, l'acide carbonique et l'eau sont des matériaux usés et encore rejetés par lui. Il ne faut donc point parler de transformation dans l'organisme animal de la chaleur en énergie vitale, comme tant d'auteurs le répètent chaque jour ; ni même, comme le faisait autrefois Béclard, de sa transformation en mouvement musculaire ; ou comme d'autres l'ont soutenu, en électricité animale. C'est là une erreur de doctrine en même temps que de fait. Elle provient d'une fausse interprétation du principe de l'équivalence mécanique de la chaleur et d'une méconnaissance du principe de Carnot. L'énergie thermique ne remonte pas le cours du flux énergétique dans l'organisme animal. La chaleur ne s'y transforme en rien ; elle se dissipe simplement.

Est-ce à dire qu'elle soit inutile à la vie ? Bien loin de là, elle lui est nécessaire. Mais son utilité a un caractère particulier qu'il ne faut ni méconnaître, ni exagérer ; ce n'est pas de se transformer en réactions chimiques ou vitales, mais simplement de leur créer une condition favorable.

D'après le premier principe de l'énergétique, il faudrait, pour que le fait vital dérivât du fait thermique, que la chaleur pût elle-même se transformer préalablement en énergie chimique, puisque celle-ci est nécessairement la forme antécédente et génératrice de l'énergie vitale. Or, cette transformation régressive est impossible, selon la doctrine régnante en physique générale. Le rôle de la chaleur dans l'acte de la combinaison chimique est d'amorcer la réaction, de mettre, en changeant leur état ou en modifiant leur température, les corps réagissants dans la condition où ils doivent être pour que les forces chimiques puissent s'exercer. Et, par exemple, dans la combinaison de l'hydrogène et de l'oxygène par inflammation du mélange détonant, la chaleur ne fait qu'amorcer le phénomène, parce que les deux gaz, indifférents à la température ordinaire, ont besoin d'être portés à 400 degrés pour que l'affinité chimique puisse entrer en jeu. Il en est ainsi pour les réactions qui s'accomplissent dans l'organisme. Elles ont un optimum de température ; c'est le rôle de la chaleur animale de le leur fournir.

Il résulte de ces explications que la chaleur intervient dans la vie animale à deux titres : d'abord et surtout comme *excretum* ou aboutissant du phénomène vital, du *travail physiologique* — et d'autre part comme *condition* ou *amorce* des réactions chimiques de l'organisme — Elle ne se dissipe donc pas en pure perte. Ces idées que nous-mêmes avions déduites, il y a quelques années, de quelques expériences sur le rôle alimentaire de l'alcool, nous ne savions pas alors qu'elles avaient été déjà exprimées par l'un des maîtres de la physiologie contemporaine, par M. A. Chauveau, et qu'elles se rattachaient, dans son esprit, à tout un ensemble de conceptions et de travaux d'un haut intérêt, au développement desquels nous avons assisté depuis lors.

Section II

Dire que l'aliment est un apport d'énergie en même temps

qu'un apport de matière, c'est en définitive exprimer en deux mots la conception fondamentale de la biologie, en vertu de laquelle la vie ne met en œuvre aucun substratum ou aucun dynamisme qui lui soit propre. L'être vivant nous apparaît, d'après cela, comme le siège d'une incessante circulation de matière et d'énergie qui part du monde extérieur pour y revenir. Cette matière et cette énergie, c'est précisément tout l'aliment. Tous ses caractères, l'appréciation de son rôle, de son évolution, toutes les règles de l'alimentation découlent comme de simples conséquences de ce principe, interprété à la lumière de l'énergétique.

Et d'abord demandons-nous quelles formes d'énergie apporte l'aliment ? Il est aisé de voir qu'il en apporte deux : il est essentiellement une source d'énergie chimique ; il est secondairement et accessoirement une source de chaleur. L'énergie chimique est la seule, d'après la seconde des lois de l'énergétique, qui soit apte à se transformer en énergie vitale. Cela est vrai tout au moins pour les animaux ; car chez les plantes il en est autrement : le cycle vital n'y a ni le même point de départ, ni le même terme ; la circulation d'énergie ne s'y fait pas de la même manière.

D'autre part, — et c'est la troisième loi qui l'enseigne — l'énergie mise en jeu dans les phénomènes vitaux est libérée enfin et restituée au monde physique sous forme de chaleur. Nous venons de dire que ce dégagement de calorique est employé à élever la température interne de l'être vivant : c'est la chaleur animale.

Telles sont les deux espèces d'énergie qu'apporte l'aliment.

Si l'on veut ne rien omettre, il faut ajouter que ce ne sont pas les seules, mais seulement les principales et de beaucoup les plus importantes. Il n'est pas absolument vrai que la chaleur soit l'unique aboutissant du cycle vital. Il n'en est ainsi que chez le sujet au repos, qui se contenterait de vivre paresseusement sans exécuter de travail mécanique extérieur, sans soulever aucun outil ou aucun fardeau, fût-ce celui de son corps. Le travail mécanique est, en effet, une seconde terminaison possible du circulus d'énergie ; mais celle-là déjà n'a plus rien de nécessaire, de fatal, puisque le mouvement et l'usage de la force sont subordonnés à la volonté capricieuse de l'animal. D'autres fois, encore, c'est un phénomène électrique qui termine le cycle vital, et c'est en effet ainsi que les choses se passent dans le fonctionnement des nerfs et des muscles chez tous les animaux et dans le fonctionnement de l'organe électrique chez les poissons, tels que la raie et la torpille. Enfin, le terme peut être un phénomène lumineux ; et c'est ce qui arrive chez les animaux phosphorescents.

Il est inutile d'énerver les principes, en énumérant ainsi toutes les restrictions qu'ils comportent. On sait assez qu'il n'y a pas de principes absolus dans la nature. Disons donc que l'énergie qui anime temporairement l'être vivant lui est fournie par le monde extérieur sous la forme exclusive d'énergie chimique potentielle ; mais que, si elle n'a qu'une porte d'entrée, elle a deux portes de sortie : elle fait retour au monde extérieur sous la forme principale d'énergie calorifique, et sous la forme accessoire d'énergie mécanique.

Il est clair, d'après cela, que si le flux énergétique qui circule à travers l'animal en sort, indivis, à l'état de chaleur, la mesure de cette chaleur devient la mesure même de l'énergie vitale, dont l'origine première remonte à l'aliment. Si le flux se partage en deux courants, mécanique et thermique, il faut les mesurer l'un et l'autre et additionner leurs valeurs. Dans le cas où l'animal ne produit pas de travail mécanique et où tout finit en chaleur, il suffit de capter ce flux énergétique, à la sortie, au moyen d'un calorimètre pour avoir une évaluation en grandeur et en nombre de l'énergie en mouvement dans l'être vivant. Les physiologistes disposent, à cet effet, d'une instrumentation variée. Lavoisier et Laplace se servaient du calorimètre de glace, c'est-à-dire d'un bloc de glace dans lequel ils enfermaient un animal de petite taille, un cobaye ; et ils appréciaient sa production calorifique par la quantité de glace qu'il avait fait fondre. Dans une de leurs expériences, par exemple, ils trouvèrent que le cochon d'Inde avait fait fondre 341 grammes de glace dans l'espace de dix heures, et dégagé, en conséquence, 27 calories.

On a imaginé, depuis, des instruments plus parfaits. M. d'Arsonval a employé un calorimètre à air qui n'est autre chose qu'un thermomètre différentiel très ingénieusement agencé et rendu enregistreur. MM. Rosenthal, Richet, Hirn et Kaufmann, Lefèvre, ont plus ou moins simplifié ou compliqué ces calorimètres à air. D'autres, à l'exemple de Dulong et de Despretz, ont fait usage des calorimètres à eau et à mercure, — ou comme Liebermeister, Winternitz et Lefèvre ont eu recours à la méthode des bains. Il y a là un mouvement de recherches très étendu qui a conduit à des résultats fort intéressants.

On peut encore arriver au résultat d'une autre manière. Au lieu de surprendre le courant d'énergie à la sortie et sous la forme de chaleur on peut essayer de le capter à Centrée sous forme d'énergie chimique potentielle. L'évaluation peut précisément être faite avec la même unité de mesure que la précédente, c'est-à-dire en calories. C'est grâce aux conquêtes de la thermochimie et aux principes posés dès 1864 par M. Berthelot que cette féconde manière d'aborder le dynamisme nutritif a été rendue possible. Les physiologistes, à l'aide de ces méthodes, ont établi les *bilans d'énergie* pour les êtres vivants placés dans des conditions diverses, comme auparavant ils faisaient

Albert Dastre

des *bilans de matière*. Et si l'on demande à quoi ont abouti tant de recherches, nous répondrons que, tout en ayant fait connaître un nombre infini de faits particuliers dont nous ne pouvons parler ici, elles ont précisément servi à édifier la doctrine générale de l'énergétique biologique, cette conception féconde qui nous permet, dans cet exposé, de déduire, comme conséquence de trois lois infiniment simples, l'explication des phénomènes les plus intimes et les plus controversés de la nutrition.

Les exemples abondent de la fécondité de ces idées et de leur puissance intuitive. Prenons, pour nous bornera un seul point, la longue erreur des physiologistes qui croyaient, avec Béclard, à la transformation, dans l'organisme, de la chaleur en travail mécanique. Avec le secours de la doctrine, cette erreur n'est plus possible. Elle nous montre le courant d'énergie se divisant au sortir de l'être vivant en deux branches divergentes, l'une thermique et l'autre mécanique, étrangères l'une à l'autre, quoique issues toutes deux du même tronc commun, et n'ayant entre elles d'autre rapport que celui-ci, à savoir que leurs débits additionnés représentent le total de l'énergie en mouvement.

Recouvrons maintenant ces notions si simples des mots plus ou moins barbares en usage dans la physiologie. Nous allons immédiatement nous convaincre que, selon le mot de Buffon, « le langage de la science est plus difficile à connaître que la science elle-même. » L'énergie chimique que l'unité de poids de l'aliment est susceptible de déposer dans l'organisme et que l'on évalue d'après les principes de la thermochimie et au moyen des tables numériques de M. Berthelot, de Rubner et de Stohmann constitue le potentiel alimentaire, la *valeur énergétique* de cette substance, son *pouvoir dynamogène*. Elle s'exprime en unités de chaleur, en calories, que la substance est susceptible d'abandonner à l'organisme. Le même nombre exprime donc encore le *pouvoir thermogène*, virtuel ou théorique de la substance alimentaire. Cette énergie étant destinée à se transformer en *énergies vitales (travail physiologique* de Chauveau, *énergie physiologique)*, la *valeur dynamogène* et *thermogène* de l'aliment est en même temps sa *valeur biogénétique*. Deux poids d'aliments différents pour lesquels ces valeurs numériques sont les mêmes seront dits des poids *iso-dynamogènes, isobiogénétiques, isoénergétiques* ; ils s'équivaudront au point de vue de leur valeur alimentaire. Et enfin, sir comme c'est le cas habituel, le cycle de l'énergie s'achève en production de chaleur, l'aliment qui a été utilisé à cet effet a une *valeur thermogène* réelle identique à sa valeur thermogène théorique, — on pourra la déterminer, expérimentalement, par la calorimétrie directe.

Section III

L'aliment est une source d'énergie calorifique pour l'organisme parce qu'il s'y décompose. La chimie physiologique nous apprend que, quelle que soit la manière dont se fait sa dislocation, elle aboutit toujours au même corps et libère toujours la même quantité de chaleur. Mais, si le point de départ et le point d'arrivée sont les mêmes, il est possible que la route parcourue ne soit pas constamment identique. Par exemple, 1 gramme de graisse fournira toujours la même quantité de chaleur, 9,4 calories, et sortira toujours à l'état final d'acide carbonique et d'eau. Mais de la graisse au mélange gaz carbonique et eau, il y a bien des intermédiaires différents. On conçoit, en un mot, des cycles d'évolutions-alimentaires variés.

Au point de vue de la chaleur produite il vient d'être dit que ces cycles s'équivalent. Mais s'équivalent-ils au point de vue vital ?

Imaginons l'alternative la plus ordinaire. L'aliment passe de l'état naturel à l'état final après s'être incorporé aux éléments des tissus et avoir participé aux opérations vitales : le potentiel alimentaire ne s'évanouit en énergie calorifique qu'après avoir traversé une certaine phase intermédiaire d'énergie vitale. C'est là le cas normal, le *type régulier de l'évolution alimentaire*. On peut dire, dans ce cas, que l'aliment a rempli tout son office ; il a servi au fonctionnement vital avant de produire de la chaleur ; il a été *bio-thermogène*.

Et maintenant, concevons le *type irrégulier* ou *aberrant* le plus simple. L'aliment passe de l'état initial à l'état final sans s'incorporer aux cellules vivantes de l'organisme, sans prendre part au fonctionnement vital ; il reste confiné dans le sang et les liquides circulants ; il y subit pourtant, en fin de compte, la même désintégration moléculaire que tout à l'heure et libère la même quantité de chaleur. Son énergie chimique se mue d'emblée en énergie thermique. L'aliment est un *thermogène pur*. Il n'a rempli qu'une partie de son office ; il a été d'une moindre utilité vitale.

Ce cas se présente-t-il dans la réalité ? Un même aliment peut-il être, suivant le cas, un *bio-thermogène* ou un *thermogène pur* ? Quelques physiologistes, parmi lesquels Fick, de Wurzburg, ont prétendu qu'il en était réellement ainsi pour la plupart des aliments azotés, hydrocarbonés et gras ; tous seraient capables d'évoluer suivant les deux types. Au contraire, Zuntz et von Mering ont absolument contesté l'existence du type aberrant ou thermogène pur : aucune substance ne se décomposerait directement dans les liquides organiques en dehors de l'intervention fonctionnelle des éléments histologiques. D'autres auteurs, enfin, enseignent qu'il y a un petit nombre de substances alimentaires qui subissent ainsi la combustion, directe, et, parmi elles, l'alcool.

La *Théorie de la consommation de luxe*, de J. Liebig, et la *Théorie de l'albumine circulante*, de Voit, affirment, que les aliments protéiques subissent en partie la combustion directe dans les vaisseaux sanguins. Il s'est élevé, à ce propos un débat célèbre qui divise encore les physiologistes. Si l'on dégage l'objet essentiel de la discussion de tous les voiles qui l'enveloppent, on s'assure qu'il s'agit, au fond, de décider si un aliment suit toujours la même évolution, quelles que soient les circonstances, et en particulier quand il est introduit en grand excès. Liebig pensait que la partie surabondante, échappant au processus ordinaire, était détruite par une combustion directe. Il affirmait, par exemple, que les substances azotées en excès, au lieu de parcourir leur cycle habituel d'opérations vitales, étaient directement brûlées dans le sang. Nous exprimerions aujourd'hui la même idée, en disant qu'elles subissent alors une évolution accélérée, et que leur énergie, franchissant l'étape intermédiaire, passe d'un saut de la forme chimique à la forme thermique. La doctrine de Liebig, réduite à cette idée fondamentale, méritait de survivre. Des erreurs accessoires entraînèrent sa ruine.

Quelques années plus tard, le célèbre chimiste et physiologiste de Munich, C. Voit, la releva, sous une forme plus outrée. Pour lui, c'était la presque totalité de l'aliment albuminoïde qui se brûlait directement dans le sang. Il interprétait certaines expériences sur l'utilisation des aliments azotés en imaginant que ces substances, introduites dans le sang à la suite de la digestion, se divisaient en deux parts : l'une très minime qui s'incorporait aux éléments vivants, et passait à l'état « d'albumine organisée ; » l'autre mélangée au sang et à la lymphe, et soumise à la combustion directe, constituait l'*albumine circulante*. Dans cette doctrine, les tissus sont à peu près stables, les liquides organiques seuls sont sujets au métabolisme nutritif. L'évolution accélérée que la doctrine énergétique considère comme un cas exceptionnel était donc la règle pour C. Voit. Pflüger et l'école de Bonn ont fait justice de cette exagération abusive.

Le fait, dès longtemps constaté, que la consommation d'oxygène augmente notablement (d'un cinquième de sa valeur environ) après le repas, est favorable à la supposition que quelques-unes des substances alibi les absorbées et passées dans le sang y sont oxydées et détruites sur place. A la vérité, quelques expériences directes de Zuntz et von Mering sont contraires à cette vue, ces auteurs ayant injecté des substances oxydables dans les vaisseaux sans parvenir à en déterminer l'oxydation immédiate. Mais, on peut opposer à ces tentatives infructueuses d'autres essais plus heureux.

Si l'évolution accélérée des aliments reste encore incertaine pour les aliments ordinaires, il semble qu'elle ne fasse plus de doute en ce qui concerne la catégorie spéciale des *purs thermogènes*, tels que l'alcool et les acides des fruits. Lorsque l'alcool est ingéré à doses modérées, un dixième environ de la quantité absorbée se fixe sur les éléments vivants ; le reste est de « l'alcool circulant » qui s'oxyde directement dans le sang. La lymphe, sans intervenir dans les opérations vitales, autrement que par la chaleur qu'ils produisent. Au regard de la Théorie énergétique, ce ne sont pas des aliments véritables puisque leur énergie potentielle ne se transforme en aucune espèce d'énergie vitale, mais passe, d'un trait, à la forme calorifique. Au contraire, d'autres physiologistes regardent l'alcool comme étant réellement un aliment. C'est que, pour eux, est réputé aliment tout ce qui, dans l'organisme, se transforme en produisant de la chaleur et ils apprécient la valeur alibile d'une substance par le nombre de calories qu'elle peut céder à l'organisme. A ce titre l'alcool serait un aliment supérieur aux hydrates de carbone et aux substances azotées. Une quantité déterminée d'alcool, le gramme par exemple, vaut autant au point de vue thermique que 1gr, 66 de sucre, que 1gr, 44 d'albumine et que 0gr, 73 de graisse. Ces quantités seraient *isodynames*.

C'est là une conclusion évidemment outrée. L'expérience l'a condamnée. Les recherches de C. von Noorden et de ses élèves, Stammreich et Miura, ont précisément établi d'une manière directe que l'alcool ne peut pas être substitué dans une ration d'entretien à une quantité exactement isodyname d'hydrates de carbone. Si l'on opère cette substitution, la ration naguère capable de maintenir l'organisme en équilibre, devient insuffisante ; l'être vivant perd de son poids : les matériaux azotés qui entrent dans sa constitution se disloquent et l'animal décline.

Dans ce qui précède, nous nous sommes bornés à envisager un seul caractère de l'aliment, le plus essentiel à la vérité, le caractère énergétique. Il faut qu'il fournisse de l'énergie à l'organisme et pour cela qu'il s'y décompose, s'y disloque et en sorte simplifié. C'est ainsi par exemple que les graisses, qui sont des édifices moléculaires compliqués au point de vue chimique, s'échappent à l'état d'acide carbonique et d'eau. Il en est de même pour les hydrates de carbone, matières amylacées et sucrées. C'est parce que ces composés descendent à un moindre degré de complication durant leur exode à travers l'organisme, qu'ils abandonnent, par cette sorte de chute, l'énergie chimique qu'ils recelaient à l'état potentiel. La thermochimie permet de tirer de la comparaison de l'état initial avec l'état final, la valeur de l'énergie cédée à l'être vivant ; cette valeur énergétique, dynamogène ou thermogène, donne ainsi une mesure de la capacité alimentaire de la substance. Un gramme de graisse, par exemple, laisse à l'organisme une quantité d'énergie équivalente à 9,4 calories ; la valeur thermogène ou calorifique des hydrates de carbone est moitié moindre ; elle est de 4,2 calories ; la valeur thermogène des albuminoïdes est de 4,8. Les choses étant ainsi, on comprend pourquoi l'animal se nourrit d'aliments qui sont des produits très élevés dans l'échelle de la complication chimique.

Section IV

En dehors de la théorie énergétique que nous avons exposée plus haut, il existe une autre manière de concevoir le rôle de l'aliment. Elle consiste à le considérer comme une source de chaleur. Nous savons qu'un aliment est une source d'énergie calorifique pour l'organisme. Inversement toute substance qui, introduite dans l'économie, s'y disloquera avec dégagement de chaleur sera-t-elle un aliment ? C'est une question très controversée, en ce moment même. La plupart des physiologistes admettent qu'il en est ainsi. La notion d'aliment se confond pour eux avec le fait d'une production de chaleur ; est réputé tel tout ingestat qui dégage de la chaleur dans l'intérieur du corps.

Le plus impérieux besoin de l'être vivant est d'être alimenté en chaleur. L'animal à sang chaud possède une température constante et la fixité même de cette température interne est chez lui une condition nécessaire à l'exercice et à la conservation de la vie. D'autre part, dans le milieu ambiant, plus froid que l'organisme, la chaleur animale se dissipe sans cesse. Il faut donc un apport continuel d'énergie calorifique pour maintenir cette fixité indispensable. La nécessité de l'alimentation se confond, d'après cela, avec la nécessité d'un apport de chaleur pour couvrir le déficit dû au refroidissement inévitable de l'organisme. C'est la grandeur des pertes qui détermine et règle le besoin d'aliments et qui fixe la valeur totale de la ration d'entretien.

Telle est la théorie qui s'oppose à la théorie énergétique et lui dispute la faveur des physiologistes. Elle a des adeptes très convaincus en MM. von Noorden, Rubner, Ch. Richet et Lapicque. Pour eux la thermogénèse domine absolument le jeu des échanges nutritifs ; et ce sont les besoins de la calorification qui règlent la demande totale de calories que chaque organisme exige de sa ration. Ce n'est point parce qu'il produit trop de chaleur que l'organisme en disperse par sa périphérie, c'est plutôt parce qu'il en disperse fatalement qu'il s'adapte à en produire. Cette conception du rôle de l'alimentation repose sur deux arguments. Le premier est fourni par les expériences récentes de Rubner. Elles consistent à laisser vivre pendant une période assez longue (de deux à douze jours) un chien dans un calorimètre, à mesurer la quantité de chaleur produite dans ce laps de temps et à la comparer à la chaleur apportée par les aliments. L'accord est remarquable, en toutes circonstances. Mais serait-il possible que l'accord n'existât point ? puisqu'il y a un mécanisme régulateur bien connu, qui, précisément, proportionne sans cesse les pertes et les gains de chaleur à la nécessité de maintenir la fixité de la température interne.

Le second argument est tiré de ce que l'on a appelé *la loi des Surfaces* bien mise en lumière par Ch. Richet. En comparant les rations d'entretien pour des sujets de poids très différents, placés dans des conditions très diverses, on constate que le régime introduit toujours la même quantité de calories pour la même étendue de peau, c'est-à-dire (de surface), de refroidissement. C'est là un fait intéressant mais qui n'a point de force démonstrative.

Tout au contraire il y a des objections graves. La valeur calorique des principes nutritifs ne représente qu'un aspect de leur rôle physiologique. A la vérité, les animaux et l'homme sont capables de tirer le même profit et les mêmes effets de rations dans lesquelles l'un des aliments est remplacé par une proportion des deux autres *isodyname*, c'est-à-dire développant la même quantité de chaleur. Mais cette substitution a des limites très proches. — L'isodynamie, c'est-à-dire la faculté pour les aliments de se suppléer au prorata de leurs valeurs calorifiques, est bornée de tous côtés par des exceptions. Et d'abord il y a une petite quantité d'aliments azotés qu'aucun autre principe nutritif ne peut suppléer ; en outre, au-delà de ce minimum, quand cette suppléance a lieu elle n'est point parfaite ; exacte entre les albuminoïdes et les hydrates de carbone vis-à-vis des graisses, elle ne l'est plus entre les deux derniers vis-à-vis des matières azotées. Si le pouvoir calorifique des aliments était la seule chose qu'il y eût à considérer en eux, la suppléance isodyname ne ferait pas défaut dans toute une catégorie de principes tels que l'alcool, la glycérine et les acides gras. Enfin, si le pouvoir calorifique d'un aliment est la seule mesure de son utilité physiologique, on est fondé à se demander pourquoi l'on ne pourrait pas remplacer une dose d'aliment par une dose de chaleur. Le chauffage par le dehors devrait tenir lieu du chauffage alimentaire par le dedans. On pourrait concevoir l'ambition de substituer aux rations de sucre et de graisse une quantité isodyname de charbon de calorifère et de nourrir un homme en chauffant convenablement l'appartement qu'il habite.

Section V

Dans la réalité, l'aliment a un autre office à remplir que de chauffer le corps ou même de lui fournir de l'énergie. Il ne faut pas oublier que l'organisme exige un apport de matière, en même temps qu'un apport d'énergie. Il a besoin de recevoir une quantité convenable de certains principes déterminés, organiques et minéraux. Ces principes sont évidemment destinés à remplacer les substances emportées dans le circulus de matière, et à reconstituer le matériel organique. On peut donner à ces matériaux le nom d'aliments *histogénétiques* (réparateurs des tissus) ou d'*aliments plastiques*.

C'est sous ce point de vue que les anciens envisageaient le rôle de l'alimentation. Hippocrate, Aristote et Galien croyaient à l'existence d'une substance nutritive unique existant dans tous les corps infiniment divers et différents que l'homme et les animaux utilisent pour leur nourriture. Il faut arriver à Lavoisier pour voir naître l'idée d'un rôle dynamogène ou calorifique des aliments ; enfin la vue d'ensemble de ces deux espèces d'attributs et de leur distinction nette est due à J. Liebig qui les désigna sous les noms d'*aliments plastiques* et d'*aliments dynamogènes*. Il pensait d'ailleurs qu'une même substance pouvait cumuler les deux attributs ; et tel était, à ses yeux, le cas pour les aliments albuminoïdes, à la fois *plastiques* et *dynamogènes*.

Magendie, le premier, en 1836, avait introduit, dans l'interminable liste des aliments, cette première coupe simple en *substances protéiques*, encore appelées albuminoïdes, azotées, quaternaires, — et *substances ternaires*. Les matières protéiques sont capables de suffire à l'entretien de la vie. De là l'importance prépondérante qu'il dut attribuer à cet ordre d'aliments. Ces résultats ont été vérifiés depuis. Pflüger (de Bonn) en a donné, il y a peu d'années, une démonstration très convaincante. Il a nourri, fait travailler et finalement engraisser un chien en ne lui donnant pas autre chose que de la viande rigoureusement débarrassée de toute autre matière. La même expérience a montré que l'organisme peut fabriquer des graisses et des hydrates de carbone aux dépens de l'aliment azoté, et transformer l'une dans l'autre chacune de ces substances. En résumé, il n'y a pas de graisse nécessaire, il n'y a point d'hydrate de carbone nécessaire ; l'albuminoïde seul est indispensable. Théoriquement l'animal et l'homme pourraient entretenir leur vie par l'usage exclusif de l'aliment protéique ; mais pratiquement cela n'est point possible pour l'homme à cause de l'énorme quantité de viande (3 kilos par jour) dont il devrait faire usage.

L'alimentation usuelle comprend un mélange des trois ordres de substances, — et dans ce mélange l'albumine apporte l'élément plastique matériellement nécessaire à la réparation de l'organisme. Les deux autres variétés apportent l'énergie. Dans ces régimes mixtes, il faut que la quantité d'albumine ne descende jamais au-dessous d'un certain minimum. Les efforts des physiologistes, en ces dernières années, ont tendu à fixer avec précision cette *ration minima* d'albuminoïdes ou, comme l'on dit par abréviation, d'*albumine* au-dessous de laquelle l'organisme dépérirait. Voit avait, pour l'homme, indiqué le chiffre de 118 grammes de viande : il est certainement trop élevé, on a pu descendre à 100, à 90 et même à 70. Mais, d'autre part, la ration d'albumine la plus avantageuse a besoin d'être notablement au-dessus de la quantité strictement suffisante.

Il resterait à signaler plusieurs autres recherches récentes. Les plus importantes de beaucoup sont celles que M. Chauveau a publiées sur les transformations réciproques des principes immédiats dans l'organisme suivant les conditions de son fonctionnement et les circonstances de son activité. Nous trouverons une occasion naturelle d'en parler avec le développement qu'elles méritent en nous occupant de la Physiologie de la contraction musculaire et du mouvement, c'est-à-dire de l'Energétique musculaire.

ISBN : 978-1548246532

Albert Dastre

www.ingramcontent.com/pod-product-compliance
Lightning Source LLC
Chambersburg PA
CBHW071731170526
45165CB00005B/2244